Sitzungsberichte der
Akademie der Wissenschaften der DDR Jahrgang 1974 · Nr. 3

A. Pietsch

Optimierung als mathematisches Problem sowie ihre Anwendungen in den Natur- und Gesellschaftswissenschaften

AKADEMIE-VERLAG · BERLIN
1974

Vortrag gehalten von Albrecht Pietsch, ordentliches Mitglied der Akademie der Wissenschaften der DDR, in der Plenarveranstaltung am 21. März 1974

Herausgegeben im Auftrage
des Präsidenten der Akademie
der Wissenschaften der DDR
von Vizepräsident Prof. Dr. Heinrich Scheel

Erschienen im Akademie-Verlag, 108 Berlin, Leipziger Str. 3—4

Lizenznummer: 202 · 100/581/74
Gesamtherstellung: VEB Druckerei „Thomas Müntzer", 582 Bad Langensalza/DDR
Bestellnummer: 762 098 7 (2010/74/3)
Printed in GDR
EVP 1,50

A. Pietsch

Das Ziel meines Vortrages soll darin bestehen, Ihnen einen Einblick in die Aufgaben der Optimierung aus der Sicht des Mathematikers zu geben. Dabei will ich weitgehend auf die Verwendung abstrakter Begriffsbildungen verzichten, und ich hoffe, daß es mir gelingen wird, Ihnen die Problematik so darzustellen, daß Sie ein überzeugendes Bild sowohl von der vielseitigen Anwendbarkeit als auch von der inneren Schönheit der Mathematik erhalten.

Außerdem möchte ich Ihnen zeigen, wie man das Wort „optimal" verwenden kann und muß, wenn es einen echt wissenschaftlichen Inhalt bekommen soll.

Die Mathematik hilft mit ihren Methoden, die Struktur- und Bewegungsgesetze der Natur, der Gesellschaft und des Denkens zu beschreiben und zu erforschen, damit diese zum Nutzen der Menschen angewendet werden können. Diese Feststellung führt uns unmittelbar zur Problematik der Optimierung, denn es geht bei der menschlichen Arbeit letzten Endes stets darum, daß man ein gestecktes Ziel mit möglichst wenig Aufwand erreichen will.

Um die Bedeutung der Optimierung richtig einschätzen zu können, muß man davon ausgehen, daß es bei jeder Zielstellung vor allem darauf ankommt, überhaupt einen gangbaren Lösungsweg zu finden. Erst danach erhebt sich die Frage, ob es bessere oder vielleicht sogar optimale Verfahren gibt. Diese Rangordnung entbindet uns selbstverständlich nicht von der Verpflichtung, von Anfang an nach einer möglichst guten Lösung zu suchen. Es geht auch gar nicht darum, daß in jedem Fall die optimale Variante realisiert wird, deren genaue Bestimmung häufig sehr aufwendig oder sogar rechnerisch unmöglich ist. Bei den meisten praktischen Aufgaben reicht es nämlich aus, wenn man sogenannte suboptimale Lösungen kennt, die ein hinreichend gutes Ergebnis garantieren. Außerdem möchte ich noch darauf hinweisen, daß sich eine Optimierung nur dann durchführen läßt, wenn alle notwendigen Ausgangsgrößen bekannt sind. Gerade diese unabdingbare Forderung macht nicht selten die nützliche Anwendung der vorhandenen Theorien unmöglich. Schließlich sollte auch noch bemerkt werden, daß man bei der Optimierung eines komplizierten Systems notgedrungen zu der Betrachtung von einfacheren Teilsystemen übergehen muß. Es wäre jedoch grundfalsch, wenn die dabei erzielten Einzelergebnisse bedenkenlos zu einer angeblichen optimalen Lösung des ursprünglichen Problems zusammengefügt würden.

Gestatten Sie mir nun, daß ich Ihnen einige typische Optimierungsaufgaben anhand von einfachen Beispielen erläutere. Auf die mathematischen Lösungsmethoden soll erst später eingegangen werden.

1. In seiner Äneis beschreibt der Dichter VERGIL, daß die Königin DIDO bei der Gründung Karthagos mit dem Herrscher von Numidien einen listigen Handel abschloß. Sie erwarb von ihm soviel Land, wie man mit einer Stierhaut umspannen kann. Dabei bestand ihr Trick darin, daß sie diese Haut vorher zu einem langen Riemen verarbeiten ließ. Wir wissen allerdings nicht, ob schon damals bekannt war, daß man mit diesem Riemen einen Kreis abstecken muß, wenn eine möglichst große Fläche gewonnen werden soll.

2. Bereits FERMAT war zu der Feststellung gelangt, daß ein Lichtstrahl in einem optischen Medium auf demjenigen Weg verläuft, für den die geringste Zeit benötigt wird. Kurz nach der Entwicklung der Infinitesimalrechnung durch LEIBNIZ und NEWTON gelang es dann, die meisten Gesetze der Physik auf einheitliche Weise aus ähnlichen Extremalprinzipien abzuleiten. Dabei muß man sich allerdings auf die Betrachtung von kleinen Kurvenstücken beschränken.

3. Der Ablauf vieler Prozesse läßt sich durch die Veränderung gewisser Steuergrößen beeinflussen. Es entsteht nun die Frage, wie man diese Werte zeitlich verändern muß, um ein möglichst günstiges Ergebnis zu erzielen. Will man etwa mit einem Auto von Jena nach Berlin fahren, so läßt sich die Geschwindigkeit durch Gasgeben und Bremsen verändern, und es wird nach einem Fahrstil gesucht, der es gestattet, diese Strecke in kürzester Zeit zurückzulegen.

4. Jeder Betrieb muß mit seinen Arbeitskräften, Produktionsmitteln und Rohstoffen so gut wie möglich wirtschaften. Insbesondere kommt es darauf an, die Produktionskosten zu senken. Weil diese Problematik sehr komplex ist, möchte ich Ihnen das Prinzip der damit verbundenen Optimierungsaufgaben an einem ganz einfach gewählten Beispiel veranschaulichen.

Bekanntlich benötigt jeder Mensch täglich eine bestimmte Menge von Eiweißen, Fetten, Kohlehydraten und Wasser. Nimmt man an, daß er sich nur von Weißbrot, Bockwurst und Vollmilch ernähren soll, so erhebt sich die Frage, bei welchem Ernährungsprogramm die geringsten Kosten entstehen.

5. Will man unter Verwendung von vorhandenen Bauelementen ein neues Gerät mit vorgegebenen Eigenschaften entwickeln, so wird stets nach einer möglichst günstigen Konstruktion und Technologie gesucht. Von einer allgemeinen Lösung dieser komplizierten Problematik ist man heute noch sehr weit entfernt. Lediglich in einigen speziellen Fällen sind gewisse Teilergebnisse erzielt worden.

Die Reihe dieser Beispiele könnte noch wesentlich erweitert werden. Insbesondere bin ich nicht auf Optimierungsprobleme bei Lernprozessen eingegangen, und es wurden auch nur solche Aufgaben erwähnt, bei denen keine zufälligen Ergebnisse auftreten. Schließlich müßte man noch auf die sogenannte Spieltheorie verweisen, die sowohl in der Wirtschaft als auch im Militärwesen große Bedeutung erlangt hat.

Eines der wesentlichsten Merkmale der Mathematik ist die vielseitige Anwendbarkeit ihrer Ergebnisse. Häufig gelingt es, aus anscheinend völlig verschiedenen Aufgaben einen gemeinsamen Kern herauszuschälen. Dadurch entstehen Theorien mit einem hohen Allgemeinheitsgrad. Diese Feststellung kann man sehr gut am Beispiel der Optimierung verdeutlichen. Alle angegebenen Aufgaben führen nämlich auf das gleiche abstrakte Problem:

Gegeben ist eine *Zielfunktion* F, die jedem Element x aus einer *Vergleichsmenge* M eine Zahl $F(x)$ zuordnet.

Gesucht ist ein Element x_0 aus M, so daß für alle Funktionswerte $F(x)$ stets $F(x_0) \geqq F(x)$ bzw. $F(x_0) \leqq F(x)$ gilt. Dann heißt $F(x_0)$ das *Maximum* bzw. *Minimum* der Zielfunktion F über der Vergleichsmenge M.

Den vorangehenden Optimierungsaufgaben liegen die folgenden Vergleichsmengen und Zielfunktionen zugrunde:

Vergleichselement x	Funktionswert $F(x)$
Grundstück	Flächeninhalt
Weg	Durchlaufzeit
Fahrstil	Fahrzeit
Ernährungsprogramm	Ernährungskosten
Gerät	Herstellungskosten

In allen konkreten Fällen ist es stets notwendig, die Vergleichsmengen und Zielfunktionen genau anzugeben, bevor man mit einer mathematischen Behandlung des Problems beginnt.

Dabei erfolgt die Auswahl derjenigen Elemente, die zum Vergleich herangezogen werden sollen, meistens auf Grund von technischen Einschränkungen oder gesetzlichen Bestimmungen. Beispielsweise werden die Möglichkeiten eines Autofahrers sowohl durch den Wagentyp als auch durch die Straßenverkehrsordnung begrenzt.

Bei der Festlegung der Zielfunktion sind häufig wichtige politische und ökonomische Entscheidungen erforderlich. Soll etwa der Jahresplan eines Betriebes optimiert werden, so geht es nicht allein um die Erhöhung der Produktion, sondern auch um die Verbesserung der Arbeitsbedingungen, und bei der Konstruktion eines neuen Gerätes müssen die Herstellungskosten mit der gewünschten Qualität abgestimmt werden. Das kann in vielen Fällen etwa so geschehen, daß man aus verschiedenen Zielfunktionen $F_1, \ldots, F_n$ durch die Vergabe von positiven Gewichten $c_1, \ldots, c_n$ eine einzige Zielfunktion

$$F = c_1F_1 + \cdots + c_nF_n$$

bildet. Dabei wird die Größe der Gewichte in Abhängigkeit von der Bedeutung der zugehörigen Zielfunktion gewählt.

Bis jetzt gibt es noch keine allgemeine Theorie, mit der man alle Optimierungsaufgaben einheitlich behandeln könnte. Die Fülle der bekannten Methoden läßt sich jedoch in drei verschiedene Klassen einteilen.

Mit Hilfe der *indirekten Verfahren* bestimmt man notwendige Bedingungen, die ein Element x_0 unbedingt erfüllen muß, wenn es einen maximalen oder minimalen Funktionswert liefern soll. Handelt es sich etwa um eine differenzierbare Zielfunktion F auf der Vergleichsmenge aller Zahlen x mit $a < x < b$, so kann eine Zahl x_0 nur dann eine Extremalstelle sein, wenn die erste Ableitung $F'(x_0)$ verschwindet. Es ist aber nicht richtig, daß jede Zahl x mit $F'(x) = 0$ stets ein Maximum oder Minimum ergibt.

Bei den *direkten Verfahren* beginnt man mit einem beliebigen Element x_1 und bildet eine Folge von Elementen $x_1, x_2, x_3, \ldots$, für die

$$F(x_1) \leqq F(x_2) \leqq F(x_3) \leqq \cdots \text{ bzw. } F(x_1) \geqq F(x_2) \geqq F(x_3) \geqq \cdots$$

gilt. Dabei erfolgt die Wahl des Elementes $x_{n+1} = f_n(x_1, \ldots, x_n)$ nach einem geeigneten Algorithmus, so daß die Zahlen $F(x_1), F(x_2), F(x_3), \ldots$ dem gesuchten Extremalwert immer näher kommen. Am bekanntesten ist das sogenannte *Gradientenverfahren,* dessen Grundidee bereits auf NEWTON zurückgeht. Wird die Bestimmung des Elements x_{n+1} mehr oder weniger dem Zufall überlassen, so spricht man von einer *Monte-Carlo-Methode.*

Einen ganz anderen Charakter haben die *finiten Verfahren.* Auf einer endlichen Vergleichsmenge besitzt nämlich jede Zielfunktion maximale und minimale Werte, die man bei einer Durchmusterung aller Elemente selbstverständlich auch finden würde. Für sehr große Vergleichsmengen ergeben sich dabei aber prinzipielle Schwierigkeiten, weil für das Aufsuchen der Lösung nur eine zumutbare Zeit verwendet werden kann. Unter Ausnutzung der speziellen Struktur der Vergleichsmenge und der Zielfunktion muß man deshalb einen Suchalgorithmus entwickeln, der die Extremalwerte in möglichst kurzer Zeit liefert, d. h. es geht um optimale Lösungsmethoden für Optimierungsaufgaben.

Zur Veranschaulichung der allgemeinen Begriffsbildungen möchte ich nun die Funktion

$$F(x) = \frac{1}{18}\, x^3 + \frac{1}{12}\, x^2 - 2x - 3$$

auf der Vergleichsmenge aller Zahlen x mit $-6 \leqq x \leqq +6$ betrachten. Dann hat man

$$F'(x) = \frac{1}{6}\, x^2 + \frac{1}{6}\, x - 2\,,$$

und als Wurzeln der quadratischen Gleichung

$$x^2 + x - 12 = 0$$

ergeben sich die Zahlen -4 und $+3$. Aus der graphischen Darstellung ist ersichtlich, daß die Extremalwerte für $x_{\max} = -4$ und $x_{\min} = +3$ erreicht werden.

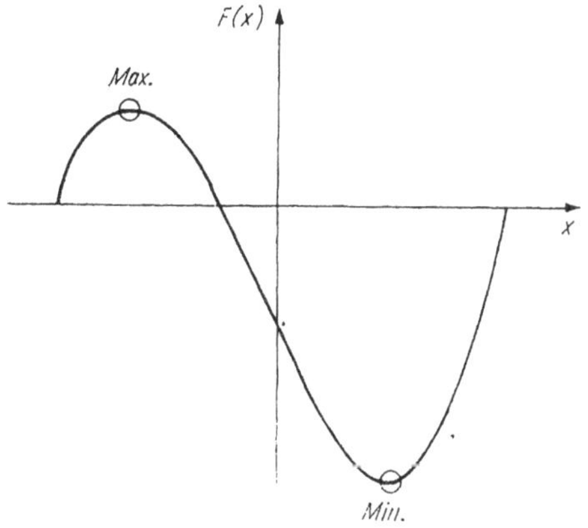

Nimmt man in die Vergleichsmenge alle Zahlen x mit $-7 \leqq x \leqq +7$ auf, so ändert sich die Situation, weil dann das Maximum für $x_0 = +7$ angenommen wird. In diesem Fall sagt man, daß an der Stelle -4 ein *relatives Maximum* vorliegt, und zur besseren Unterscheidung wird die Zahl $F(x_0)$ als *absolutes Maximum* bezeichnet.

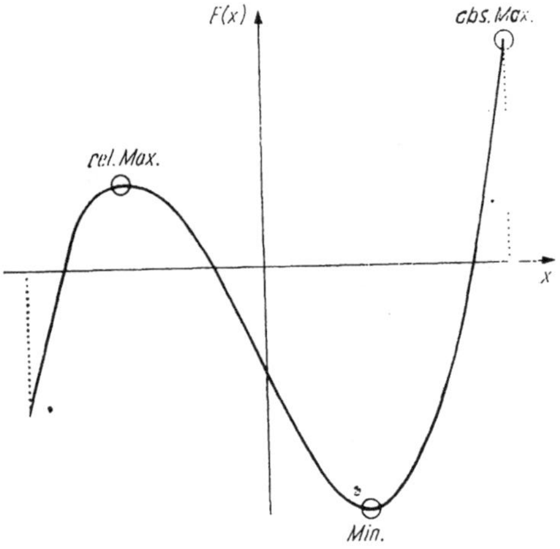

Ich möchte nun etwas ausführlicher auf die angegebenen Beispiele eingehen. Dabei wird die große Vielfalt der verwendeten Methoden sehr deutlich werden.

Soll mit einem gegebenem Riemen ein ebenes Grundstück abgegrenzt werden, so kann man zusätzliche Vereinbarungen über die geometrische Form treffen.

Wir beginnen damit, daß nur Dreiecke ABC über einer festen Grundlinie AB als Vergleichselemente zugelassen sind. Weil der Umfang konstant sein soll, muß dann die variable Spitze C auf einem Ellipsenbogen mit den Brennpunkten A und B liegen. Nun ergibt sich sofort, daß das gleichschenklige Dreieck den größten Flächeninhalt besitzt.

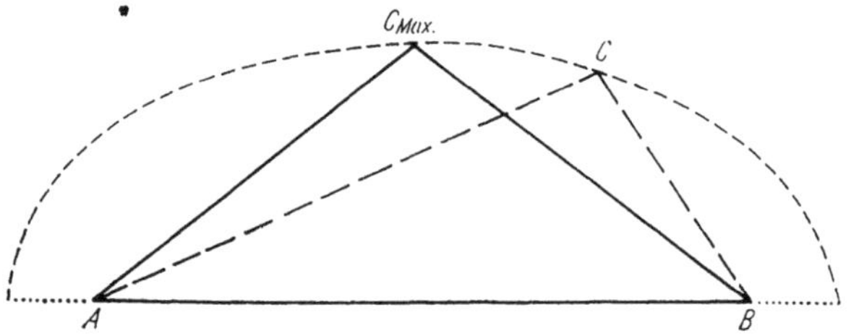

Werden jetzt beliebige Dreiecke mit vorgeschriebenem Umfang betrachtet, so kann nur das gleichseitige Dreieck einen maximalen Flächeninhalt liefern.

Die entsprechende Aufgabe für Rechtecke soll mit der Methode der Differentialrechnung behandelt werden. Zu diesem Zweck bezeichnen wir den Umfang mit $4a$ und die Seitenlängen mit x und y. Dann gilt $x + y = 2a$, und für den Flächeninhalt ergibt sich

$$F(x) = x\,(2a - x)\,.$$

Bildet man die Ableitung

$$F'(x) = 2a - 2x\,,$$

so folgt aus der notwendigen Bedingung $F'(x_0) = 0$ die Beziehung $x_0 = a$. Deshalb kommt nur das Quadrat als optimale Lösung in Frage.

Durch Verallgemeinerung der bisher gewonnenen Ergebnisse erhält man die Aussage, daß unter allen n-Ecken mit vorgeschriebenem Umfang stets das regelmäßige den größten Flächeninhalt besitzt. Dabei wächst dieser optimale Flächeninhalt mit der Auswahl der Ecken. Bei einem Umfang von 180 Metern ergeben sich die folgenden Werte:

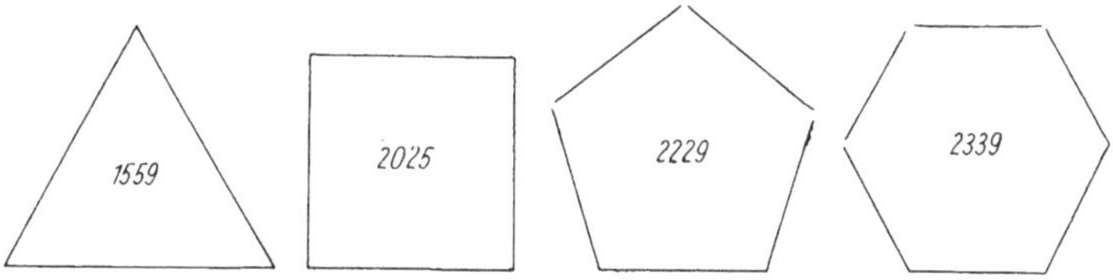

Würde man nun die Aufgabe stellen, ein beliebiges Vieleck mit maximalem Flächeninhalt zu konstruieren, so wäre das nicht möglich, weil sich durch eine Erhöhung der Eckenzahl stets auch der Flächeninhalt vergrößern läßt. Erst wenn auch krumme Begrenzungen zugelassen werden, existiert wieder ein Maximum. Daß dann die gesuchte Figur ein Kreis ist, war bereits den griechischen Mathematikern kurz vor Beginn unserer Zeitrechnung intuitiv klar. Ein exakter Beweis für die isoperimetrische Eigenschaft des Kreises wurde allerdings erst im vorigen Jahrhundert durch die Berliner Mathematiker Steiner und Weierstrass erbracht. Als Ergänzung zu den vorangehenden Angaben bemerken wir, daß ein Kreis mit einem Umfang von 180 Metern einen Flächeninhalt von 2578 Qadratmetern besitzt. Dagegen würde sich bei einem regelmäßigen 100-Eck der Wert von 2577 Quadratmetern ergeben. Das wäre dann eine suboptimale Lösung.

Wir stellen nun die Frage, welchen Weg ein Rettungsschwimmer nehmen muß, wenn er möglichst schnell einem Ertrinkenden zu Hilfe kommen will. Dabei wird vorausgesetzt, daß er beim Laufen bzw. Schwimmen eine durchschnittliche Geschwindigkeit von 8 m/s bzw. 1 m/s erreicht. Die folgende Abbildung veranschaulicht eine konkrete Situation:

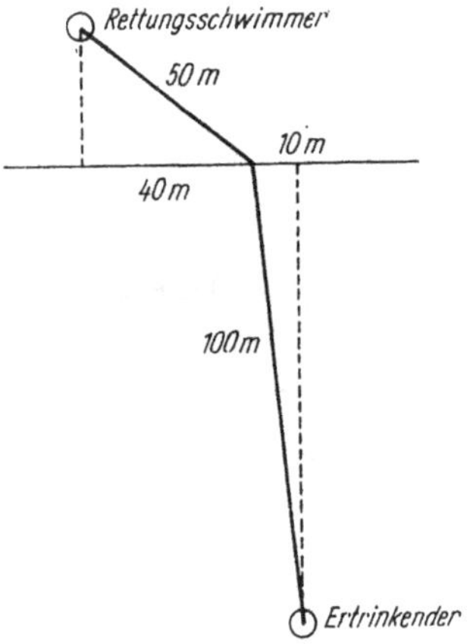

Man kann sich leicht überlegen, daß dieses Beispiel nichts anderes als eine dramatisierte Fassung des optischen Brechungsgesetzes darstellt. Für die mathematische Behandlung dieser Aufgabe sind nur die elementaren Mittel der Differentialrechnung erforderlich. Hat man dagegen ein inhomogenes Medium, dann wird die wesentlich kompliziertere Variationsrechnung benötigt, die u. a. von den Gebrüdern BERNOULLI, EULER und WEIERSTRASS entwickelt wurde. Um die Beziehungen zur geometrischen Optik hat sich besonders CARATHEODORY verdient gemacht. In dieser mathematischen Disziplin geht es im einfachsten Fall um die folgende Problemstellung:

Zu einer vorgegebenen Funktion L der Variablen t, q und v soll unter allen Kurven x, die zwei feste Punkte miteinander verbinden, eine solche gefunden werden, für die das Integral

$$F(x) = \int_a^b L\left(t,\, x(t),\, \frac{\mathrm{d}}{\mathrm{d}t}\, x(t)\right) \mathrm{d}t$$

ein Maximum oder Minimum ergibt. In dem abgebildeten Koordinatensystem sind drei derartige Vergleichskurven eingezeichnet:

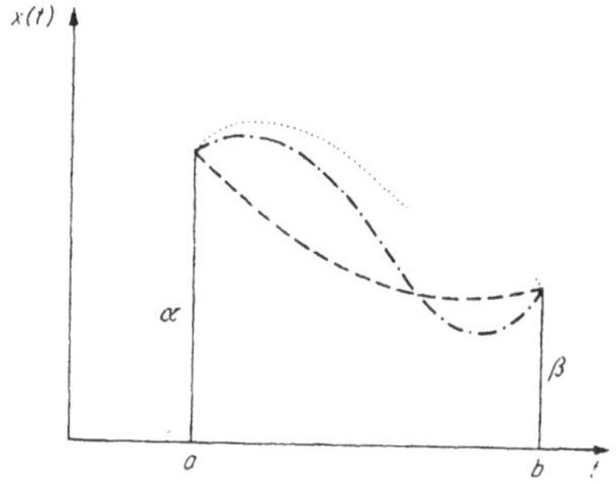

Als notwendige Bedingung erhält man dann die EULER-LAGRANGE-Differentialgleichung

$$\frac{\mathrm{d}}{\mathrm{d}t}\frac{\partial L}{\partial v}\left(t, x_0(t), \frac{\mathrm{d}}{\mathrm{d}t}x_0(t)\right) = \frac{\partial L}{\partial q}\left(t, x_0(t), \frac{\mathrm{d}}{\mathrm{d}t}x_0(t)\right).$$

Noch schwieriger ist das Problem der optimalen Steuerung von Prozessen. Dabei nimmt man an, daß sich der zeitliche Ablauf durch eine Zustandsfunktion z beschreiben läßt, die einer Differentialgleichung

$$\frac{\mathrm{d}}{\mathrm{d}t}z(t) = f(t, z(t))$$

genügt. Bei steuerbaren Prozessen tritt in dieser Differentialgleichung zusätzlich eine Funktion x auf, die in gewissen Grenzen beliebig gewählt werden kann:

$$\frac{\mathrm{d}}{\mathrm{d}t}z(t) = f(t, z(t), x(t)).$$

Befindet sich das System zur Zeit a in einem Anfangszustand α, dann interessiert man sich für solche Steuerfunktionen, die das System zu irgendeinem Zeitpunkt b in einen vorgegebenen Endzustand β überführen. Wenn das möglich ist, so hängen die Überführungskosten im allgemeinen von der speziellen Wahl der Steuerfunktion ab, und man kann fragen, ob es optimale Steuerungen gibt.

Derartige Prozesse treten beispielsweise in der chemischen Industrie oder in der Raketentechnik auf. Aber auch das Problem des fahrenden Autos kann mit dieser Methode behandelt werden. In diesem besonders einfachen Fall wird der Zustand durch den Ort und die Geschwindigkeit festgelegt, und die Steuerung erfolgt auf einer geraden Straße ausschließlich über das Gas- und Bremspedal. Dabei sind dem Fahrer durch die technischen Kennziffern des Autos gewisse Grenzen gesetzt. Es leuchtet ein, daß der zeitoptimale Fahrstil so aussieht, daß man entweder Vollgas gibt oder möglichst stark abbremst. Sollen dabei die Bestimmungen der Straßenverkehrsordnung eingehalten werden, dann darf selbstverständlich nur solange Vollgas gegeben werden, bis die jeweils zulässige Höchstgeschwindigkeit erreicht ist, und man muß stets rechtzeitig abbremsen, wenn eine andere Geschwindigkeitsbegrenzung angezeigt wird.

Ähnliche Aussagen gelten für die zeitliche Optimierung der meisten Prozesse, bei denen die Steuerfunktion etwa zwischen den Grenzen -1 und $+1$ variieren darf. Es stellt sich dann heraus, daß die gesuchte Funktion nur die extremen Werte -1 und $+1$ anzunehmen braucht. Diese Methode der sogenannten *Zweipunktregelung* wird auch sehr treffend als *Bang-Bang-Prinzip* bezeichnet. Man muß allerdings darauf hinweisen, daß die zeitoptimale Steuerung ausschließlich in dringenden Fällen angewandt werden sollte, weil dabei sehr hohe Unkosten entstehen. Im allgemeinen wird man deshalb eine Zielfunktion optimieren, in die zusätzlich der Verschleiß und der Rohstoffverbrauch eingehen. Auch für die Behandlung solcher Aufgaben gibt es eine Methode, die auf dem *Maximum-Prinzip* von PONTRJAGIN beruht. In diesem Zusammenhang sollte auch das von BELLMAN begründete Verfahren der *dynamischen Optimierung* erwähnt werden.

Von größter praktischer Bedeutung ist die *Methode der konvexen Optimierung*. Zur Beschreibung dieses Verfahrens betrachten wir im n-dimensionalen euklidischen Raum eine Vergleichsmenge M, die mit zwei Punkten x und y auch alle Punkte $\lambda x + (1 - \lambda) y$ mit $0 < \lambda < 1$ enthält. Geometrisch bedeutet diese Forderung, daß die gesamte Strecke zwischen x und y ebenfalls zu M gehören soll. Eine derartige Menge nennt man *konvex*.

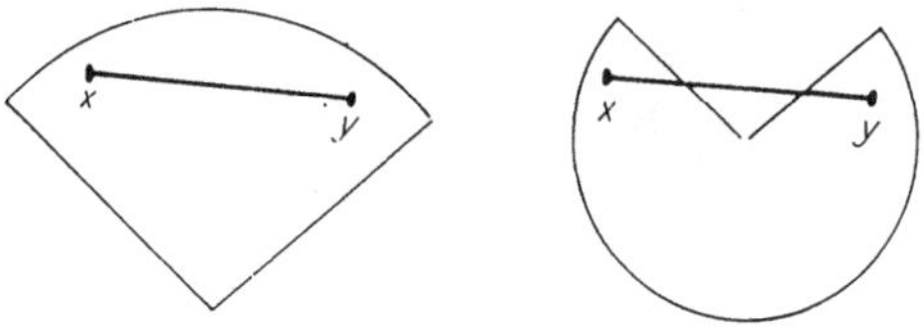

konvexe Menge   nicht konvexe Menge

Eine auf der konvexen Vergleichsmenge M definierte Zielfunktion F wird als *konvex* bezeichnet, wenn für alle Punkte x und y aus M sowie jede Zahl λ mit $0 < \lambda < 1$ stets

$$F(\lambda x + (1 - \lambda) y) \leqq \lambda F(x) + (1 - \lambda) F(y)$$

gilt. In diesem Fall stellt sich heraus, daß die Zielfunktion ihr Maximum in einem sogenannten Extremalpunkt von M annimmt. Besteht die Menge M etwa aus allen Zahlen x mit $a \leqq x \leqq b$, so wird das Maximum entweder in a oder b erreicht.

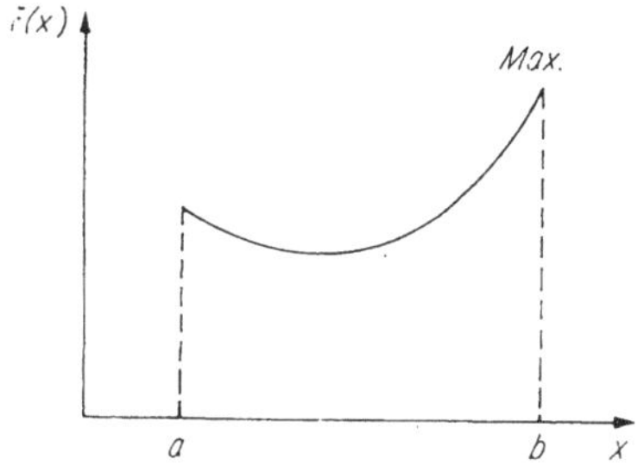

Diese qualitative Aussage ist für die endgültige Bestimmung des Maximums sehr wichtig, weil dadurch die Menge der optimalitätsverdächtigen Punkte ganz stark eingeschränkt wird. Speziell im Fall von konvexen Polyedern braucht man nur noch endlich viele Extremalpunkte durchzumustern.

Als konkretes Beispiel betrachten wir nun die Ernährung eines Menschen mit Weißbrot, Bockwurst und Vollmilch. Dabei werden die folgenden Angaben über die Zusammensetzung und den Preis von jeweils 100 Gramm der verschiedenen Nahrungsmittel zugrunde gelegt.

	Eiweiße	Fette	Kohlehydrate	Wasser	Preis
Weißbrot	8 g	1 g	49 g	42 g	10 Pfennig
Bockwurst	12 g	20 g	—	68 g	80 Pfennig
Vollmilch	3 g	3 g	5 g	89 g	7 Pfennig

Ein Ernährungsprogramm x von a Gramm Weißbrot, b Gramm Bockwurst und c Gramm Vollmilch ist dann zulässig, wenn dadurch die Mindestmengen von 90 Gramm Eiweiß, 80 Gramm Fett, 500 Gramm Kohlehydrate und 2500 Gramm Wasser garantiert sind. Deshalb müssen die folgenden Ungleichungen bestehen:

$$\begin{aligned} 8a + 12b + 3c &\geqq 90, \\ a + 20b + 3c &\geqq 80, \\ 19a + 5c &\geqq 500, \\ 42a + 68b + 89c &\geqq 2500. \end{aligned}$$

Außerdem soll natürlich

$$a \geqq 0,\ b \geqq 0,\ c \geqq 0$$

gelten, weil man keine negativen Mengen von Nahrungsmitteln verbrauchen kann. Bei jedem Ernährungsprogramm x entstehen dann die Kosten

$$F(x) = 10a + 80b + 7c\,.$$

Es stellt sich heraus, daß man am billigsten mit 771 Gramm Weißbrot und 2445 Gramm Vollmilch leben kann. Das kostet täglich 2,48 M.

Diese einfache Aufgabe konnte noch ohne technische Hilfsmittel behandelt werden. Wenn man allerdings eine etwas abwechslungsreiche Ernährungsweise bevorzugt und auch noch die erforderlichen Mindestmengen an Vitaminen und Mineralstoffen gesichert werden sollen, dann wird unbedingt ein Rechenautomat benötigt. Unter Verwendung des von DANTZIG entwickelten *Simplex-Verfahrens* ist es dann gegenwärtig möglich, lineare Optimierungsprobleme mit 1000 Unbekannten und 4000 Ungleichungen zu behandeln. Bei unserem konkreten Beispiel müßte man sich natürlich auch noch überlegen, ob gerade bei der Ernährung eine Optimierung durchgeführt werden sollte, die ausschließlich auf die Senkung der Kosten orientiert ist.

Die vorangehende Aufgabe gibt mir noch die Gelegenheit, eine Bemerkung über die *ganzzahlige Optimierung* zu machen. Dabei wird vereinbart, daß man nur mit gewissen unteilbaren Einheiten rechnen darf. In unserem Fall wären das Brötchen und Bockwürste. Diese Problematik ist vor allem im Transportwesen sehr bedeutungsvoll, weil es hier um die vollständige Auslastung von Containern, Güterwagen oder Schiffen geht.

Damit bin ich am Ende des mathematischen Teils meiner Ausführungen. Die große Fülle der möglichen Beispiele hat mich zu einer sehr subjektiven Auswahl gezwungen, und viele wichtige Richtungen und Aspekte mußten unerwähnt bleiben. Ich möchte es aber nicht versäumen, noch auf die GAUSSsche *Methode der kleinsten Quadrate* hinzuweisen, die bei der Auswertung von Meßergebnissen eine fundamentale Rolle spielt.

Im folgenden möchte ich noch auf einige philosophische Aspekte der Optimierungstheorie eingehen.

Das Problem, ob wir in einer optimalen Welt leben, ist im Rahmen einer materialistischen Philosophie gegenstandslos, weil nur eine objektive Realität existiert, die mit keiner anderen verglichen werden kann. Bedeutungsvoll würde diese Frage erst dann, wenn man den Standpunkt eines göttlichen oder ideellen Schöpfers einnimmt, der sich unter allen denkbaren Welten für eine möglichst vollkommene entscheiden möchte. In diesem Sinne ist auch das anschließende Zitat von LEIBNIZ zu verstehen: „Alles mögliche, oder was ein Sein oder mögliche Wirklichkeit ausdrückt, strebt mit gleichem Recht zum Dasein nach dem Maße des Seins oder der Wirklichkeit oder nach dem Grade der Vollkommenheit, den es bei sich führt; Vollkommenheit ist nämlich nichts anderes als das Maß des Seins. Hieraus ist ersichtlich, daß unter unendlich vielen Zusammenstellungen und möglichen Reihen diejenige existiert, durch welche das meiste Sein zum Dasein gebracht wird. Immer nämlich gibt es in den Dingen ein Prinzip der Bestimmung, welches vom Maximum oder Minimum hergenommen ist, daß nämlich die größte Wirkung hervorgebracht werde mit dem kleinsten Aufwande so zu sagen."

Diese teleologische Denkweise wurde durch die Entdeckung der Extremalprinzipien der Physik stark gefördert. MAUPERTIUS war sogar der Meinung, daß ihm durch die Formulierung des *Prinzips der kleinsten Wirkung* ein Beweis der Existenz Gottes gelungen sei. Eine genaue Überprüfung der physikalischen Gesetze zeigte jedoch, daß die Lösungen der EULER-LAGRANGE-Differentialgleichungen nur im Kleinen optimal sind. Diese Tatsache läßt sich gut am Beispiel der Ballistik verdeutlichen. Ein vorgegebenes Ziel kann nämlich sowohl mit einem Flachschuß als auch mit einem Steilschuß erreicht werden, und dabei liefert nur der Flachschuß ein echtes Minimum.

Etwas anders gelagert ist die Frage, ob und wie sich die objektive Realität im Laufe der Zeit optimiert. Kein konsequenter Dialektiker wird bezweifeln, daß es in der Natur, in der Gesellschaft und im Denken eine ständige Höherentwicklung gibt. Es würde ihm aber sicherlich schwerfallen, diese allgemeine Feststellung in der Sprache der Vergleichsmengen und Zielfunktionen zu formulieren. Das liegt selbstverständlich in der Komplexität dieser Aussage, und es scheint, als ob sich hier eine echte Grenze der Mathematik abzeichnet.

Viele realen Prozesse sind asymptotisch stabil. Das bedeutet, daß sie sich nach Ablauf einer mehr oder weniger langen Zeit einem gewissen Endzustand nähern. Faßt man den jeweiligen Abstand von diesem Grenzwert als Zielfunktion auf, so liegt auch hier ein Optimierungsproblem vor. Dabei wird allerdings nichts über die Güte des angestrebten Endzustandes ausgesagt. Wenn man dabei speziell an die Hypothese vom Wärmetod der Welt denkt, so handelt es sich ganz bestimmt nicht um ein günstiges Ergebnis.

Abschließend will ich noch einmal auf meine einleitenden Bemerkungen zurückkommen. Es ging dabei um die Feststellung, daß der Mensch sein ganzes Wissen und Können dazu benutzen sollte, um die jeweiligen Zielstellungen möglichst gut zu verwirklichen. Damit trägt er zur Optimierung der Welt im Kleinen und letzten Endes auch im Großen bei.

Ich möchte nun noch die Hoffnung zum Ausdruck bringen, daß mein Vortrag nicht nur verstehbar, sondern auch verständlich war. Bei seiner Vorbereitung habe ich mir jedenfalls recht viel Mühe gegeben und dabei wieder einmal erfahren, daß es sehr schwierig ist, mit einfachen Worten und trotzdem niveauvoll über mathematische Probleme zu sprechen. Gerade das aber müssen wir Mathematiker immer besser lernen, wenn wir ernsthaft um vielseitige Anwendungen unserer Wissenschaft bemüht sind.

Literaturhinweise

[1] BELLMAN, R., Dynamische Programmierung und selbstanpassende Regelprozesse, München/Wien 1967.

[2] BLASCHKE, W., Kreis und Kugel, Berlin 1956.

[3] BOLTJANSKI, W. G., Mathematische Methoden der optimalen Steuerung, Leipzig 1971.

[4] COLLATZ, L., W. WETTERLING, Optimierungsaufgaben, Berlin/Heidelberg/New York 1971.

[5] COURANT, R., H. ROBINSON, Was ist Mathematik? Berlin/Heidelberg/New York 1967.

[6] FUNK, P., Variationsrechnung und ihre Anwendung in Physik und Technik, Berlin/Göttingen/Heidelberg 1962.

[7] KNESER, A., Das Prinzip der kleinsten Wirkung von Leibniz bis zur Gegenwart, Leipzig/Berlin 1928.

[8] VOGEL, W., Lineares Optimieren, Leipzig 1967.

Bei Fragen zur Produktsicherheit wenden Sie sich bitte an:
If you have any questions regarding product safety,
please contact:

Walter de Gruyter GmbH
Genthiner Straße 13
10785 Berlin
productsafety@degruyterbrill.com